Современный Социализм

Опыт России

Яков Шерман

ISBN 979-8-9921897-0-4

Оглавление

Пролог. Марксистский взгляд на социализм нужно пересмотреть

Манифест Коммунистической Партии был опубликован Марксом и Энгельсом в 1848 году.

К настоящему времени производительные силы общества и социальная структура общества резко изменились. Например, достижения фундаментальных наук породили новые наукоёмкие производства, непосильные частному капиталу (атомные бомбы, космос, атомные ледоколы). Только государство может содержать такое большое количество НИИ. Счёт идёт на сотни. В социальной структуре общества тоже произошли серьёзные изменения. Например, доля рабочего класса в США упала до 20%.

В 1917 году произошла Великая Октябрьская Социалистическая Революция и возникло социалистическое государство СССР. Человечество сделало попытку построения социализма. Попытка оказалась неудачной, и в 1991 году СССР распался. Почему попытка строительства социализма оказалась неудачной? Потому что построенная экономическая система была неустойчивой из-за отсутствия частного сектора экономики, который обеспечивает индивидуальные потребности людей, зависящие от моды, вкусов, и местных привычек. **Социализм обязан иметь государственный сектор экономики и частный сектор при господстве государственного сектора**. Горький опыт попытки строительства социализма в СССР без частного сектора экономики должен быть учтён.

Современная наука породила появление наукоёмких производств, непосильных частному капиталу. Отрицательный научный результат в науке тоже результат, а в экономике - банкротство. Где много науки, только государство может финансировать и погашать издержки «отрицательных результатов в науке». В России строительство атомных ледоколов для Северного Морского Пути правительство вынуждено было поручить госкомпании Рос Атом. Оборонное производство поручено госкомпании Рос Тех. Космосом занимается госкомпания Рос Космос. В настоящее время госпредприятия России составляют более половины экономики страны. А в США госсектор только один процент.

В России госсектор развивается из соображений защиты суверенитета страны. Человечество состоит из конкурирующих государств. Потеря суверенитета означает потерю политической самостоятельности и, часто связанной с этим, потерю территориальной целостности. Из соображений борьбы за суверенитет Россия, например, должно решить демографическую проблему, что предполагает резкое улучшение материальных условий жизни населения (жильё, здравоохранение, зарплаты, детские сады, и т.д.). Это вынужденное движение к социализму. Россия движется к социализму, не осознавая этого.

Все главы книги и эпилог опубликованы на блоге МИРОВОЙ КРИЗИС

(http://worldcrisis.ru/crisis/4454015)

Глава 1. Социализм и ошибки Маркса

Маркс изучал КАПИТАЛИЗМ (капиталистический способ производства) и обнаружил, что капитализм нуждается в постоянном расширении. Земной шар ограничен. Значит капитализм будет сменен каким-то другим способом производства. Маркс назвал его КОММУНИЗМ, первой стадией которого будет СОЦИАЛИЗМ. При капитализме господствующей формой собственности на средства производства является частная собственность, а при социализме - государственная и коллективная собственности. Чем господство государственной собственности на средства производства лучше, чем господство частной собственности? Прибыль от государственной собственности принадлежит государству, а прибыль от частной – капиталистам и используется по их прихотям (роскошные особняки, яхты, и другая роскошь). Государство же использует свои средства на:

1. Содержание государственного аппарата (армия, суды, полиция, администрация и т.п.)
2. Науку. От неё зависит оружие армии и технологические успехи в экономике
3. Образование
4. Медицину
5. Культуру (Содержание оперных и балетных театров, музыкальных филармоний, театров, физическая культура и спорт, музыкальные школы и т.д.)
6. Социальное обеспечение (Пенсии, инвалидности, выплаты за детей и т.п.)
7. Инфраструктуру

Чем больше денег у государства, тем больше оно может тратить на образование, медицину, культуру, социальное обеспечение, и инфраструктуру. Жизнь широких масс населения становится лучше.

 Маркс чувствовал близость конца капитализма и появление социализма и выразил это во фразе «Призрак бродит по Европе, призрак коммунизма». Интуиция его не обманула. В 1917 году Россия провозгласила Социалистическую Революцию. После второй мировой войны в Европе возникла группа стран Социалистического Содружества суммарно более полумиллиарда человек. В 1991 году в этих странах произошла буржуазная контрреволюция, но в этот момент Китай подхватил знамя социализма и в настоящее время полтора миллиарда человек в Китае строят социализм. Прогноз Маркса в целом оправдался. Но Маркс попытался описать в деталях процесс перехода от капитализма к социализму. И тут он влип. Вспомним Фарадея, открывшего электричество. На вопрос слушателя может ли он предсказать, какие изменения в жизни человечества произойдут благодаря его открытию, Фарадей дал ответ: «Можете ли вы предсказать судьбу новорождённого ребёнка?». А Маркс попытался предсказывать.

Первая ошибка. Уровень развития производительных сил был (по сравнению с современным) низким. Не было производственных процессов, требующих государственного управления. В то время государственное управление могло появиться только в результате насильственной экспроприации собственности предпринимателей. Отсюда следствия:

1. Социализм возникает в результате насилия при переводе предприятий в собственность государства.
2. Социалистическая революция может произойти только в результате сознательной деятельности масс под руководством революционной партии.
3. Революция в одной стране будет подавлена внешним вторжением остальных стран. Поэтому революция может победить только одновременно в большинстве стран.

Вторая ошибка. Маркс открыл существование классов и классовую борьбу. Рабочий класс (пролетариат) составлял более 50% населения в развитых странах. Социалистическая революция произойдёт в результате взятия власти в стране пролетариатом. Но в результате научно-технического прогресса и автоматизации производства в настоящее время доля пролетариата в США всего 20%. Пролетариат не обладает опытом управления государством. Даже взяв власть пролетариат не сможет её удержать без помощи существующего государственного аппарата. Поэтому Парижская Коммуна в 1870 году, и социалистические революции в Венгрии и Германии в 1918 году не имели успеха. Социалистическая революция в России произошла в изолированной стране благодаря царским офицерам (70% царских офицеров поддержали большевиков).

Как появится государственная собственность на средства производства без насильственной экспроприации

Во времена Маркса господствовала частная собственность на средства производства и не было видно, как государственная собственность может возникнуть без насильственной национализации частной собственности. Общественной силой проведения национализации Маркс видел рабочий класс (пролетариат) и разработал теорию этого процесса. Отсюда его утверждения, что социалистическая революция должна произойти одновременно в большинстве развитых капиталистических стран, призыв «Пролетарии всех стран соединяйтесь», рабочий класс с его компартией должен быть гегемоном революции и т.д. Т.е. связал социализм и классовую борьбу пролетариата. Но реальная история пошла иначе. Первая социалистическая революция произошла в России, стране со слаборазвитым капитализмом (городское население составляло всего 17%). Русское патриотическое офицерство организовало госпереворот и передало власть большевикам (коммунистам). Россия в одиночку строила социализм. С Марксом произошло то же, что и с Жюль Верном, который написал в 1865 году научно-фантастический роман «Из пушки на

Луну», потому что реактивная сила ещё не была открыта. Только в 1903 году Циолковский опубликовал формулу реактивного движения. В настоящее время известны виды производства, которыми только государство может управлять. Маркс этого не знал. Более того, во времена Маркса пролетариат в развитых странах составлял более 50% населения. В США сейчас пролетариат составляет всего 20% населения и по мере роботизации эта доля будет падать. Т.е. *естественное развитие и усложнения производства вынуждает государство брать в свои руки всё большую часть управления и владения производством*. В настоящее время не нужна революция для экспроприации частной собственности, не нужна компартия для руководства этой революцией, не нужен рабочий класс как главная движущая сила этой революции. Нужна элита, которая делает вынужденные для спасения государства ходы, сохраняющие и укрепляющие государственный суверенитет. Без этих вынужденных ходов государство погибнет или физически, или политически, или экономически (из перворазрядного станет третьеразрядным), т.е. потеряет суверенитет.

Примеры государственной собственности

Дамба Хувера в США. Существует сильное лобби для приватизации, но правительство не хочет. Всего в США государственная собственность составляет 1%.

Обогащение урана в США. Десять стран умеют обогащать уран, и все под управлением государства. В 1995 году США приватизировали обогащение урана двум компаниям, которые обанкротились в 2016 и 2018 годах. Сейчас в США нет обогащения урана.

Атомные ледоколы в России. Россия договорилась с Китаем создать Северный Морской Путь. Китай взял на себя создание береговой инфраструктуры (порты и т.п.), а Россия должна построить пять атомных ледоколов. Путин предложил русским олигархам этот проект. Но те отказались: «Слишком много (сотни) научно-исследовательских и проектных институтов нужны для этой работы». Путин вынужден был поручить эту работу государственной компании Рос Атом. После этого он сказа фразу: «Капитализм может организовать производство телевизоров и холодильников, но не может организовать производство атомных ледоколов.».

Наукоёмкие проекты может делать только государство. Где много науки, там частная собственность (капитализм) буксует. Почему? В науке отрицательный результат тоже результат. А в экономике отрицательный научный результат является банкротством. Поэтому очень наукоёмкие проекты может делать только государство. Например, космос, атомная энергетика. В России космосом занимается госкомпания Рос Космос, и атомной энергетикой - Рос Атом. Илон Маск SpaceX не является контрпримером, т.к. нужные научные данные ему даёт NASA, но недавно он поссорился с демократами и ему прекратили давать научную информацию.

Военно-промышленный комплекс. В России ВПК управляется государством через госкомпанию Рос Тех. В США частные корпорации имеют военную и гражданскую продукцию. Когда General Motors объявила банкротство, правительство взяло управление, вложило много денег, сделало рентабельным, и приватизировало. А могло оставить под своим управлением. Чем американское государственное управление хуже русского? В настоящее время русский ВПК работает лучше американского.

Энергетика. Энергетическую (электрическую) систему страны нужно увязать в систему. Потребление электричества неравномерно. Контролирующий орган должен давать команды на запуск и остановку резервных мощностей (как правило гидроэлектростанции). Контролирующий орган и резервные мощности должны быть под контролем государства. Их цель не прибыль, а устойчивость функционирования энергетической системы.

Железнодорожный транспорт. Пассажирские и грузовые поезда в удалённые малонаселённые пункты невыгодны. Но они важны для государства как пункты будущего развития, или для повышения обороноспособности.

Низкорентабельные и убыточные проекты. Обычно инфраструктурные проекты относятся к этой категории. (Например, вся дорожная сеть должна быть государственной.)

Выкуп важных для страны предприятий. Государство всегда может выкупить частное предприятие, предложив за него выгодную для владельцев цену. Владельцы с удовольствием продадут, т.к. их цель, получение прибыли, будет достигнута. А у страны другие, не денежные, интересы, но очень много денег.

Создание достаточно большого числа государственных предприятий вынуждает правительство организовать планирование производства в них на долгосрочной основе и подчинение государству центрального банка страны с целью эмиссии денег под строительство новых государственных предприятий и регулирования финансовой системы для обеспечения развития и функционирования, как минимум, государственного сектора.

Таким образом социализм постепенно вырастает из капитализма. По мере накопления в стране прибыли от государственного сектора, государство получает возможность использовать эту прибыль на улучшение условий жизни населения (медицина, образование, культура, социальное обеспечение).

Глава 2. Социалистическая революция в России - результат военного переворота

Недавно рассекретили архивы Сталина. Оказалось, что Великая Октябрьская Социалистическая Революция произошла иначе, чем официально излагалось в учебниках по истории в СССР. По официальной версии революцию и захват Зимнего Дворца осуществили вооруженные рабочие и моряки под руководством большевиков. Т.е. по сценарию Маркса. Маркс пренебрежительно высказывался о России как об отсталой не индустриализированной стране с преимущественно сельским населением (83%). По теории Маркса Социалистическая Революция должна была произойти в высокоразвитых странах, причем одновременно в группе стран во избежание военного разгрома революции извне. Ленин «подправил» теорию Маркса и выдвинул идею «слабого звена в Капиталистической системе». По его мнению, искра русской социалистической революции должна была зажечь пожар мировой социалистической революции.

Реально события в России происходили иначе.

В феврале 1917 года произошла буржуазная революция с помощью Британии. Временное правительство было под влиянием Британии и не осуществляло защиту национальных интересов. Страна разваливалась на глазах. Русское патриотическое офицерство подготовило военный переворот. Руководили переворотом четыре фигуры: командующий западным фронтом, начальник генерального штаба, командующий балтийским флотом, глава контрразведки. Взять власть не было проблемой. Но как потом управлять страной? Они выбрали наиболее патриотическую партию и вручили ей власть. Этой партией были большевики. Переговоры и планирование переворота происходило с июля 1917 года на борту крейсера Аврора, который стоял на рейде в устье Невы. По вечерам шлюпка подплывала к берегу и два представителя от партии большевиков садились в неё и доставлялись на крейсер Аврора. Представителями от большевиков были Дзержинский и Сталин. К 25 Октября 1917 года в устье Невы стояли шесть крейсеров балтийского флота во главе с крейсером Аврора. Временному правительству был предъявлен ультиматум: капитулировать или Зимний Дворец вместе с кварталом, на котором он находится, крейсера сравняют с землёй. Временное правительство капитулировало. Холостой выстрел Авроры был сигналом для большевиков зайти в Зимний Дворец. Министры временного правительства беспрепятственно покинули Зимний Дворец. Во время всей этой процедуры не прозвучало ни одного выстрела. Глава временного правительства Керенский беспрепятственно уехал из России.

Вокзал, почту, и телеграф захватывал спецназ контрразведки, а не рабочие. Во время гражданской войны 60% офицеров генерального штаба и 70% царских офицеров воевали за большевиков и обеспечили победу в гражданской войне 1918-1920 года. Таким образом *Великая Октябрьская Социалистическая Революция – это подарок русского патриотического офицерства большевикам, а не результат сознательной борьбы рабочего класса*. В июне 1917 года Ленин, выступая на конференции молодых марксистов, сказал: «Я уже старый и не увижу Социализм, но вы молодые, вы доживете до Социализма.» Через месяц после этого выступления петроградские большевики вызвали его для участия в подготовке захвата власти.

Почему русские офицеры поддерживали большевиков. Русские офицеры были дворяне. Дворянское поместье наследовалось только одним наследником мужского пола. Остальные мужчины шли в армию или на государственную службу. Только дворяне могли быть офицерами и чиновниками. Остальные виды деятельности (бизнес, торговля, инженерная) были позорящими дворянскую честь. Дворян без поместий было значительно больше, чем дворян с поместьями. Дворяне служили в армии и создавали династии морских офицеров, артиллерийских офицеров и т.п. Служба в армии, иными словами защита отечества, была единственным способом существования для дворян без поместий. Плата за службу была достойная. Исторически они были патриоты своей Родины и воспитывались в духе защищать Родину, не щадя своей жизни. Это было делом чести. Большевики хотели сохранить сильную Россию и с ними офицеры без поместий видели своё будущее. Один из офицеров без поместий дезертировал от белых к красным и объяснил это тем, что белогвардейцы хотят вернуть свои поместья, продать их и уехать в Париж. Судьба России их не интересует. Ему поверили, доверили командование, и он достойно служил в красной армии.

Глава 3. Строительство социализма в России.

Взяв власть, большевики (Ленин) национализировали крупную промышленность, банки, и помещичью землю. Помещичью землю раздали крестьянам, чтобы крестьяне стали союзниками пролетариата. Естественно, владельцы конфискованного имущества организовали гражданскую войну. Мировой капитал организовал военную интервенцию с целью задушить социализм в зародыше. Мировой пролетариат своими забастовками в поддержку России и добровольцами помогал выстоять. В России установили диктатуру пролетариата и ВОЕННЫЙ КОММУНИЗМ в экономике. Россия выстояла.

По Марксу социалистическая революция должна была произойти в группе развитых капиталистических стран одновременно. Ленин, возглавляя социалистическую революцию в неразвитой России, «подправил» Маркса идеей «слабого звена в мировой капиталистической системе, социалистическая революция в котором будет искрой, поджигающей пожар мировой социалистической революции». Большевики взяли власть в России. Но в остальном мире нигде социализма нет. Маркс этого не предвидел. И что делать дальше? Было два варианта. Первый – вернуть власть капиталистам, второй – продолжать держать власть в руках пролетариата и разрешить мелким капиталистическим элементам функционировать, восстанавливая экономику. Россия выбрала второй вариант. Для этого нужно было создать устойчивую финансовую систему. В феврале 1918 года Ленин говорил: «Мы из золота унитазы будем делать.». А в конце 1922 года провозгласил НЭП и денежную систему, основанную на золоте. Организовали чеканку золотых монет и свободную покупку/продажу золотых монет в банках. НЭП прекрасно работал в России. Кстати, Китай сейчас успешно функционирует по такому принципу (государственная власть в руках Коммунистической партии и частная собственность в некоторых сферах экономики), причём коммунистическая партия выполняет функции элиты, служащей интересам страны в целом. Но в 1927 году стало ясно, что будущая война будет войной моторов (танки, самолёты), а в России не было даже автомобилестроения и тракторостроения. В воздухе пахло войной. Нужна была быстрая индустриализация. Россия в 1906 году уже была в таком положении. Столыпин сделал серьёзные экономические реформы и сказал: «Дайте мне двадцать спокойных лет, и я переверну Россию». Через восемь лет, в 1914 году, началась первая мировая война. Русское руководство понимало, что ситуация похожая, и нужно форсировать индустриализацию и мобилизовать все ресурсы государства для достижения этой цели. Перешли на централизованное управление экономикой с планированием развития экономики на пять лет вперёд (пятилетки) с разбивкой по годам и уточнением в каждом текущем году. Сделали принудительную коллективизацию сельского хозяйства. Колхозы стали рынком сбыта для тракторов. Благодаря тракторам и автомобилям, производительность труда резко возросла (автомобильные перевозки, пахота тракторами, уборка урожая комбайнами и т.п.). Кулаки (богатые крестьяне) не могли конкурировать с колхозами, и они сопротивлялись организации колхозов. Перед каждым крестьянином по вхождению в колхоз было четыре выбора:

1. Сопротивление. Такие крестьяне назывались кулаками и физически уничтожались с использованием армии.
2. Простой отказ вступать в колхоз и желание самому вести своё хозяйство. Такие крестьяне в конце концов объявлялись кулаками, арестовывались, и ссылались в Сибирь на каторжные работы.
3. Передача своего имущества в колхоз и уход в город работать на новых заводах и фабриках.
4. Добровольное вступление в колхоз.

Коллективизация шла через уничтожение кулаков и насильственное выдавливание крестьян из села в город. Кровь и насилие. Понимающим людям ясно, что это была историческая необходимость, как и в ситуации «овцы съели людей». Но эти кровь и насилие «прилипли» к понятию СОЦИАЛИЗМ у остальных людей.

Сложившаяся экономика не была социалистической экономикой. Это была МОБИЛИЗАЦИОННАЯ ЭКОНОМИКА. Страны в критических ситуациях переходят на такую экономику. Например, Гитлер в Германии в 1933 году бросил лозунг «Пушки вместо масла» (это одно из возможных определений мобилизационной экономики). К 1938 году (за пять лет) Гитлер перевооружил Германию. В СССР народ затянул пояса и к июню 1941 года в стране были лучшие в мире танки Т34 и КВ1.

В лагере большевиков было два идеологических направления. Первое – инициировать мировую социалистическую революцию. Лидером был Троцкий и в этом направлении было 90% большевиков, сделавших революцию в России. Второе – строить социализм в одной России. Лидером был Сталин и в этом направлении было 10% старых большевиков. Сосуществовать эти направления не могли. Сталину удалось физически уничтожить Троцкого и его последователей (так называемые «Сталинские репрессии»).

В итоге, в России к термину СОЦИАЛИЗМ пристегнулось много насилия. Например:

1. Национализация предприятий и вызванная этим гражданская война.
2. Уничтожение интеллигенции, не поддерживавшей марксизм (уничтожены как враги народа или высланы из страны). В России после гражданской войны осталось 20% интеллигенции.
3. Насильственная коллективизация.
4. Уничтожение троцкистов.

Но в России не было устойчивого социализма. Была попытка построить его. Было организовано централизованное управление экономикой с планированием на пять лет. Все средства производства были в государственной и колхозной собственности. В 1980 году в институте экономики АН СССР был опубликован результат, что невозможно управлять из центра четырьмя отраслями:

1. лёгкая промышленность (моду невозможно предвидеть на пять лет вперёд)

2. сельское хозяйство (зависимость от локальных природных условий)

3. бытовое обслуживание (зависит от локальных особенностей населения)

4. розничная торговля (из центра не видно, где размещать торговые ларьки)

Правительство знало об этом. Если не из центра, то как должны были управляться эти отрасли? Маркетом. Нужно было разрешить частную собственность на мелкие и средние предприятия как минимум в этих отраслях и создать соответствующую инфраструктуру маркета. У правительства не хватило ума на это. Боялись появления богатых людей. Пробовали выкрутиться через хозрасчет, кооперативы (это формы коллективной собственности). А китайцы не побоялись ввести частную собственность, и процветают. В итоге к 1990 году в стране не было очень модных в то время джинсов и кроссовок, т.к. отсутствовали предприятия по производству джинсовых нитей и предприятия по производству кроссовочных подошв. Их строительство могли запланировать на следующую пятилетку и готовые джинсы и кроссовки могли появиться не раньше третьего года будущей пятилетки. В стране начались перебои с хлебом и мясом. Население занялось откормом свиней ... хлебом. Килограмм качественного хлеба для людей стоил 14 копеек, а килограмм комбикорма из испорченного и проросшего зерна для колхозов стоил 23 копейки, причем комбикорм частное лицо не могло купить. Люди покупали хлеб мешками для корма свиней. Правительство пробовало административными методами бороться с этим (продажа только двух буханок в руки, проверка машин на дорогах на наличие мешков с хлебом и т.п.). Страна запускала спутники, строила атомные электростанции, имела одну из лучших армий в мире, имела лучшую в мире школу по фундаментальным наукам, лучшую в мире систему школьного образования, но не умела удовлетворять повседневные бытовые потребности населения в одежде и еде. У правящей элиты не хватало умишка решить эту проблему для страны и, как результат, ужасные последствия – возврат капитализма (приватизация) с разрушением целостности страны (развал союза на отдельные государства). Но с точки зрения исторического развития это выглядит очень естественно. Социализм в России (имеется в виду официальное направление движения) может колебнуться в капитализм несколько раз, пока страна не сгенерирует адекватную элиту для управления страной (например, как в Китае). Если страна не решит проблему правящей элиты, то она потеряет свой суверенитет, превратиться в колониальный придаток более развитых стран и, таким образом, потеряет ведущую роль в прогрессе (эволюции) человечества.

Глава 4. Проблемы генерации правящей элиты в СССР

Партия большевиков (коммунисты) во главе с Лениным, «авангард рабочего класса», была правящей элитой. Карьеристы со всех слоёв населения стремились вступить в правящую партию. Для защиты от карьеристов в партию принимали только из низших слоёв: рабочих, крестьян, и солдат. Для остальных была квота, какой-то процент от низших слоёв, чтобы рабочая партия не обуржуазивалась. Все без исключения менеджерские позиции были только для членов партии. Если где-то возникала потребность поставить не члена партии на менеджерскую позицию, то его или предварительно, или немножко позже, принимали в партию. Науки управления в обычных ВУЗах не изучались, только в партийных школах. В партийных школах учились только члены партии. Таким образом, коммунистическая партия монополизировала сферу управления и защитила её от «обуржуазивания». Более того, была введена номенклатура: список руководящих кадров. Если туда попадал, за развал работы оттуда не выгоняли, а переводили на другое руководящее место. Т. е. правящая элита не очищала свои ряды от провалившихся менеджеров.

После революции и гражданской войны Россия унаследовала 17% городского населения, две трети населения были неграмотны, 80% интеллигенции было уничтожено или эмигрировало. Осталось в стране всего 20% довоенной интеллигенции. Правительство начало с ликвидации безграмотности (ликбез) и введения бесплатного образования: всеобщего школьного и высшего образования. Создавались вечерние школы, рабочие факультеты (рабфаки), вечерние и заочные отделения. Приём в высшие учебные заведения происходил по классовому принципу. К экзаменам допускались все, подавшие документы, но сначала принимались выходцы из рабочих и крестьян, и только оставшиеся вакансии заполнялись выходцами из остальных классов и сословий. Программы для школ были разработаны с целью подготовить школьников к поступлению в ВУЗы. Талантливые дети из пролетарской и крестьянской среды получали доступ к социальным лифтам (поступление в ВУЗ) и учились на офицеров, учителей, врачей, инженеров, научных сотрудников. В списке профессий нет менеджерских и других управленческих (денежных) профессий. Управленческие профессии преподавались только в партийных школах. Самым престижным социальным лифтом из доступных был научный сотрудник. А при капитализме самые престижные (денежные) профессии были предприниматель, менеджер, и адвокат. Лучшие умы капиталистических стран устремлялись в эти профессии. В России устремление лучших (беспартийных) абитуриентов было в науку. В результате в России наука расцвела, и выросла новая интеллигенция. Пролетариат и крестьянство свою самую талантливую молодежь отдали в интеллигенцию. Интеллигенцию в партию не принимали (только в редких особых случаях). В итоге приём в партию талантливых людей оказался перекрыт. После смерти Сталина в партии не уступающих Сталину талантов не осталось. Чем дальше, тем больше ощущалось вырождение правящей элиты. В конце концов ничтожество Горбачев стал во главе правящей элиты и не сумел увидеть решение проблем, возникших перед страной. Ленин, вводя НЭП, и Китай, разрешая частную собственность, видели решения проблем и смело претворяли их в жизнь.

Глава 5. Путин строит социализм, сам того не подозревая

В СССР до 1990 года было организовано централизованное управление экономикой с планированием на пять лет (по пятилеткам). Все средства производства были в государственной и колхозной собственности. В 1980 году в российской экономической науке было известно, что невозможно управлять из центра четырьмя отраслями:

1. лёгкая промышленность (моду невозможно предвидеть на пять лет вперёд)

2. сельское хозяйство (зависимость от локальных природных условий)

3. бытовое обслуживание (зависит от локальных особенностей населения)

4. розничная торговля (из центра не видно, где размещать торговые ларьки)

Как минимум, в этих отраслях нужно было вводить частную собственность на мелкий и средний бизнес и создавать сопутствующую инфраструктуру для функционирования маркета. В 1922 году Россия нечто подобное сделала, вводя НЭП. В СССР сложилась ситуация, что страна запускала спутники, строила атомные электростанции, имела одну из лучших армий в мире, имела лучшую в мире школу по фундаментальным наукам, лучшую в мире систему школьного образования, но не умела удовлетворять повседневные бытовые потребности населения в одежде и еде. В судебной системе процветало «телефонное право». Правящая элита выродилась и не понимала, как решить эти проблемы (снабжения населения страны одеждой и продовольствием, рационализация управления обществом). Население осознавало слабость правящей элиты и возник политический кризис. В результате, ужасные последствия – возврат капитализма (приватизация) в самой отвратительной форме (олигархический капитализм) с разрушением целостности страны (развал союза на отдельные государства). Срана пережила ужасы первоначального накопления капитала. Но с точки зрения исторического развития это выглядит очень естественно. Официальная социалистическая надстройка в России может колебнуться в капитализм несколько раз, пока страна не сгенерирует устойчивую адекватную элиту для управления страной (например, как сейчас в Китае). Если страна не решит проблему правящей элиты, то она потеряет свой суверенитет, превратиться в колониальный придаток более развитых стран и, таким образом, потеряет ведущую роль в прогрессе (эволюции) человечества. К правящей элите предъявляются, как минимум, три требования:

1. Интересы государства в целом (особенно народа) превыше всего
2. Высокий уровень интеллекта (например, для главы государства «семь пядей во лбу»). Селекция талантов должна работать чётко.
3. Компетенция в управлении государством (Управленческие кадры нужно выращивать).

В СССР со вторым (селекцией) и, как результат, с первым (интересы государства превыше всего) возникли проблемы (примитивный Горбачёв во главе СССР). После развала СССР на республики, в России во главе стал Ельцин. Человек с сильным характером, стремлением к власти, но без «семи пядей во лбу». Ему на замену по рекомендации Анатолия Собчака стали готовить Путина. Рекомендация Собчака гласила: «Этот парень не предаст». Путин был либерал и стремился «вписаться в Запад» как равноправный член. Запад восхищал либералов тем, что «сытно кормил и хорошо одевал своих людей, а также своей судебной системой, и, вообще, демократией». Русские либералы хотели того же. Но Запад не собирался делать Россию равноправной. Он хотел сделать Россию колонией, и, желательно, развалить её на более мелкие части. Путин это понял (особенно американская противоракетная оборона повлияла на его прозрение) и начал продумывать другие пути развития России (отход от либерализма и от Запада). И куда он идёт? Вынужденно укрепляет роль государства в экономике. Как уж на сковородке крутится около центрального банка России, стараясь подчинить государству. Как только центральный банк России станет частью правительства России, и не будет независим, как сейчас по конституции (в реальности же подчиняется Международному Валютному Фонду), можно будет смело сказать, что в России государственная собственность играет главенствующую роль по отношению к частной собственности. А это и есть определение социализма. Маркс по ошибке считал, что государственная собственность и социализм возможны только через насильственную национализацию после захвата власти пролетариатом под руководством его авангарда коммунистической партии. Во время Маркса в развитых странах пролетариат составлял более 50% населения, и это звучало очень демократично: власть пролетариата - власть большинства. Да, в его время иначе невозможно было создание государственных предприятий. Сейчас Россия вынуждено, из соображений обороноспособности и защиты суверенитета (независимости), создаёт производства, которые капиталисты не берутся организовывать из-за их сложности, или наукоёмкости (например, атомные ледоколы для северного морского пути, космос, военно-промышленный комплекс, атомные электростанции). Т.е. движение в социализм идёт волей-неволей под давлением объективных потребностей страны. Путин это утверждает в своей знаменитой фразе: «Капитализм может организовать производство телевизоров и холодильников, но не может организовать строительство атомных ледоколов». Значит государство, организуя строительство атомных ледоколов, делает шаг к социализму! Аналогично приватизация является шагом к капитализму. Путин (правительство России) демонстрирует управление экономикой без «коммунистов», шагая в социалистическом направлении. Подчинив Центральный Банк России правительству, Путин получит производственную базу социализма. Останется народному творчеству с помощью государства развивать соответствующую социальную надстройку над возникшим социалистическим экономическим базисом.

Глава 6. Производственный базис современного социализма

Во времена Маркса сложность и наукоёмкость производства были низкие по сравнению с настоящим временем. Сейчас возникла мощная научная сфера, достижения которой привели к появлению новых технологических направлений (например, космос, атомная энергия, компьютеризация, информационные технологии) и потребовали большое количество высокообразованных людей. Производительность труда резко возросла. Социальная структура общества изменилась. В США пролетариат составляет 20 % общества. По прогнозам американских аналитиков к 2050 году 75 % позиций на маркете рабочей силы США будут требовать бакалавров. Где здесь место пролетариату и пролетарской социалистической революции?

Производственная база общества при социализме имеет предприятия трёх типов: государственные, коллективные, и частные. Опыт СССР продемонстрировал, что государственные предприятия прекрасно работают в добыче полезных ископаемых, выплавке и обработке металлов, железнодорожном транспорте, станкостроении, машиностроении и других отраслях тяжёлой и горнодобывающей промышленности. Это видно на: процессе индустриализации в годы первых пятилеток, освоении атомной энергии в военных и мирных целях, успехах в космосе. Страна стала второй в мире. Сила государственных предприятий (мощь планового управления экономикой) была продемонстрирована. К 1980 году весь частный сектор экономики в СССР был уничтожен. И выяснилось, что удовлетворять повседневные потребности людей в одежде и еде без частников невозможно. Правящая элита не сумела решить проблему обеспечения населения всем необходимым. Интеллектуальная слабость была проявлена во внешней и внутренней политике. И, в результате, СССР рухнул. Проблемы было две:

1. Государственные и коллективные предприятия недостаточны для полнокровного функционирования экономики. Они стабильны и не гибкие (пятилетки). Для обеспечения повседневных нужд населения нужен очень гибкий частный сектор, который будет быстро реагировать на изменения потребностей и вкусов населения, да и самого госсектора. Например, в СССР стали строить вычислительные центры для мейнфреймов, но упустили запланировать производство кондиционеров. Летом компьютеры сбоили из-за высокой температуры в машинном зале. Частники могли бы легко закрыть это упущение.
2. В качестве правящей элиты использовалась коммунистическая партия. Только члены партии могли занимать менеджерские позиции и могли участвовать в управлении государством. А сама компартия вырождалась. В 1917 году главой страны был такой гигант мысли, как Ленин. Сталин тоже был на уровне проблем, стоящих перед страной. Но дальше пошло очевидное вырождение лидеров, закончившееся примитивным Горбачёвым, который развалил СССР. Однопартийный режим генерации и регенерации правящей элиты не работает.

Твёрдый вывод из изложенных фактов очевиден. Социалистическая производственная база – это органичное сочетание предприятий государственного сектора, частного сектора, и коллективного сектора. Государство может регулировать границу между государственным сектором и частным, используя национализацию (выкуп) важных для страны предприятий, и приватизацию неудобных для государства предприятий. В каждой стране будет возникать специфическая архитектура социалистической производственной базы. Практически, государственные предприятия обязаны организовать инфраструктуру для частного бизнеса (производство электроэнергии, металла, газа, нефти, транспорт и т.п.). Эта инфраструктура обеспечит фиксированные цены для инфраструктуры частного бизнеса и приведёт к расцвету предпринимательской деятельности, которая обеспечит население изобилием товаров народного потребления, в том числе новыми товарами. Государство же возьмёт на себя всё то, что не могут делать остальные формы собственности (например, из-за наукоёмкости, инфраструктура).

Возникший госсектор вынуждает страну создать плановую группу, которая планирует функционирование и развитие госсектора. Центральный Банк должен быть подчинён этой группе и обязан финансировать все запланированные государственные объекты. Это экономическая необходимость.

Глава 7. Правящая элита при построении социализма

Если страна не решит проблему правящей элиты, то она потеряет свой суверенитет, превратиться в колониальный придаток более развитых стран и, таким образом, потеряет ведущую роль в прогрессе (эволюции) человечества. К правящей элите предъявляются, как минимум, три требования:

1. Интересы государства в целом (особенно народа) превыше всего
2. Высокий уровень интеллекта (например, для главы государства «семь пядей во лбу»). Селекция талантов должна работать чётко.
3. Компетенция в управлении государством (Управленческие кадры нужно выращивать).

Обычно господствующие классы или группы страны формируют правящую элиту, которая свои интересы выдаёт за интересы страны, или навязывает, с помощью пропаганды, населению абстрактные идеи как ориентиры для страны, и под видом материализации этих идей продвигает свои интересы.

Крылатое выражение «Насилие – повивальная бабка истории» является ключом к пониманию интересов государства. В нашей ситуации насилие рассматривается как война (революцию стараемся избежать). Войну нельзя проигрывать. Проигрыш войны влечёт за собой большие исторические потери в зависимости от исторической эпохи: истребление населения страны, рабство, уничтожение феодалов страны и замена их на завоевателей, насаждение в стране религии завоевателя, потеря территорий, огромные контрибуции, колонизация, и т.д. Страна или сама должна быть в состоянии отбиться от агрессора, или быть союзником обороноспособной страны, оплачивая этот союз какими-то коврижками. Ядерное оружие даёт возможность малым странам типа Северная Корея защищаться от крупных агрессоров. Нет смысла захватывать Северную Корею. Её ядерные удары нанесут больший ущерб, чем её захваченная территория даст прибыли агрессору. Овчинка выделки не стоит. Ведение войны начинает смещаться из милитаристской сферы в другие сферы: экономическую, технологическую, финансовую, идеологическую. Милитаристская сфера остаётся важной, особенно в части ядерного оружия и средств доставки. Современное государство должно выстоять в такой гибридной войне. Правящая элита должна это понимать. Если она хочет сохранить страну и свою правящую элиту, нужно развивать экономику, технологию (науку), независимые финансы, военно-промышленный комплекс, идеологию. Но если правящая элита компрадорская, то об этой стране не нужно говорить как о субъекте, строящем что-то самостоятельное. В такой стране строится то, что сюзерен хочет.

Правящая элита, понимающая и защищающая интересы государства, будет действовать в направлении социализма.

В России для независимости (обороноспособности в гибридной войне) страны нужно, например:

1. ВПК России взять под госуправление, чтобы непродуманные действия собственников не приводили к банкротствам. США имели такую проблему с Дженерал Моторс.
2. Защитить пошлинами своих производителей.
3. Подчинить ЦБ правительству.

4. Улучшить систему образования в стране.
5. Стимулировать увеличение рождаемости и улучшение демографической ситуации в стране.
6. Развить транспортную систему страны
7. Увеличить покупательную способность населения

Не нужно стремиться выбрать правительство, которое хочет строить социализм. Нужно стремиться к формированию правительства, думающего об интересах страны и достаточно умное, чтобы интересы страны понять. Если удастся это сделать, защита интересов страны обязательно выльется в принятие решений, приближающих социализм. Выдвижение требования социализма к выборам правительства несёт слишком сильную идеологическую нагрузку, с которой не всем представителям частного сектора комфортно. А защита интересов государства им очень понятна. В производственной системе государства, и частный, и государственный сектора экономики должны работать в гармоничной связи. Т.е. единство и борьба противоположностей. У обоих секторов общее стремление укрепить государство, организующее им среду существования и сосуществования. Потребности страны приведут к необходимости национализации (или выкупа) некоторых частных предприятий (например, в горнодобывающей промышленности), или приватизации некоторых предприятий. Под давлением научно-технического прогресса будет меняться архитектура производственного процесса страны. На эту архитектуру частный сектор в форме стартапов окажет очень сильное влияние. Правительство (правящая элита) должно будет мудро решать противоречия между государственным и частным секторами.

Глава 8. Россия 1980-2024 годы. Вид сверху

К 1980 году в России сложился производственный базис, состоящий из государственных и колхозных предприятий. Частный сектор практически не существовал. Планирование осуществлялось по пятилеткам. Учёные предупредили правительство, что производство предметов народного потребления не может управляться из центра (одежда из-за моды, продукция сельского хозяйства из-за зависимости от локальных условий, и т.п.). Нужно было разрешить частную собственность, в соответствующих отраслях.

КПСС к этому времени выродилась из-за принципа приёма в партию только из пролетарских слоёв (рабочие, крестьяне, солдаты). Интеллигенцию принимали не более какого-то процента из-за боязни «обуржуазивания» партии. Естественно, этот процент использовался для «блатников», так как руководящую должность мог занимать только член партии. В выродившейся компартии не было личностей масштаба Сахарова.

Партийному руководству не хватило ума дать разрешение на создание мелких и средних частных предприятий, хотя бы в сфере производства предметов потребления и обслуживания населения. К 1990 году в России возник дефицит продовольствия и популярной одежды (джинсы, кроссовки), создалась революционная ситуация, и произошла буржуазная контрреволюция. СССР распался на независимые республики. Кстати, Ленин был в похожей ситуации, когда вводил НЭП. У Ленина ума хватило на разрешение частной собственности.

В результате распада союза проиграли все республики без исключения. Кто больше, кто меньше, но все. Порвались все производственные межреспубликанские связи. Была общая производственная система, а система всегда больше, чем сумма её частей. Это свойство систем называют синергия. Все республики потеряли синергию союза, как минимум. Маленькие республики потеряли культурное пространство союза (например, театры и оркестры гастролировали по всему союзу, союз давал дотации на развитие национальных культур).

В России лихие 90-ые - яркий пример «первоначального накопление капитала». Создался капиталистический строй в самой отвратительной форме «олигархического капитализма». Страна продолжала разваливаться, как минимум, теоретически. Публиковались карты развала страны на 10 частей. Высокотехнологичные отрасли уничтожались под лозунгом: «На Западе качество выше. Зачем производить своё. Мы продадим наши сырьевые ресурсы и на вырученные деньги купим всё, что нам нужно».

В конце девяностых олигархи на смену Ельцину поставили Путина. Путин был либерал и стремился «вписаться в Запад» как равноправный член. Запад восхищал либералов тем, что «сытно кормил и хорошо одевал своих людей, а также своей судебной системой, и, вообще, демократией». Русские либералы хотели того же. Но Запад не собирался делать Россию равноправной. Он хотел сделать Россию колонией, и, желательно, развалить её на более мелкие части. Путин это понял (особенно американская противоракетная оборона повлияла на его прозрение) и начал продумывать другие пути развития России (отход от либерализма и от Запада).

Олигархи развалились, как всегда, на несколько враждующих групп. Одна группа, патриотическая, понимала, что суверенитет России – единственная гарантия их существования. Эта группа поддержала Путина. Другая группа, компрадорская, была за подчинение России Западу. Один из представителей этой группы (Ходорковский) хотел стать президентом, просил поддержки в этом у США, и обещал США уничтожить атомное оружие в России (атомное разоружение России).

С точки зрения защиты интересов страны, перед Путиным стояли задачи:

1. Укрепить свою власть, поставив на критические позиции государства (особенно силовой блок) представителей патриотической группы.
2. Укрепить обороноспособность страны (разработка новых вооружений; укрепление армии; восстановление и развитие ВПК; геополитические проблемы: НАТО, Украина, Сувалковский коридор).
3. Разрушить международную изоляцию России, организуемую Западом (БРИКС).

К счастью России, у Путина хватило ума на осознание этих задач, характера на их реализацию (он схлопотал судебное преследование со стороны Запада), и менеджерских способностей для подбора и расстановки кадров. Россия до сих пор существует.

Запад, не имея возможности победить Россию военным способом, объявил России «гибридную войну», и подверг Россию «жёстким» экономическим санкциям, Россия вынуждена выдерживать и экономическую войну. В области экономики возникли интересные явления (проблемы):

1. Строительство пяти атомных ледоколов для Северного Морского Пути государство вынуждено было взять на себя. Капиталисты отказались из-за наукоёмкости проекта.
2. Нехватка квалифицированной рабочей силы (отсутствие профессионально-технического образования, существовавшего в СССР).
3. Недостаточное школьное образование для современных производственных процессов (значительно хуже, чем было в СССР).
4. Демографическая проблема.

Их нужно преодолевать.

Первая проблема имеет общечеловеческий характер. Наука и техника достигли уровня, который недоступен для капиталистического способа производства. Частный капитал не может содержать сотни НИИ и проектно-конструкторских институтов (ПКИ). Более того, по мере развития науки необходимо создавать новые НИИ и ПКИ. Только государство может осуществлять такой огромный процесс. Речь идёт о космосе, атомной энергетике, ВПК – суперважные отрасли для существования государства. Как организовать государственное управление наукой и производственный процесс в этих отраслях? Возможны три варианта:

1. Государство создаёт государственные предприятия для этих отраслей и координирует совместную деятельность науки и производства.

2. Государство создаёт головную компанию, которая разделяет производство продукта на отдельные узлы, и ищет подрядчиков на отдельные узлы, оставляя в своих руках сборку продукта.

3. Государство передаёт частным компаниям результаты научных исследований, нужных им для производственных процессов. Правительство выбирает частную головную компанию по принципу самой надёжной реализации проекта. Главный принцип капитализма «свободная конкуренция» пропадает. Кроме этой фирмы результаты государственных НИИ и ПКИ никто не получит.

Все три варианта не являются чисто капиталистическими. Роль государства очень существенна, вся наука в руках государства. Как это назвать? **Человечество доросло до социализма**. Социализм начинает вырастать естественно из капитализма. В настоящее время в России уже много наукоёмких госпредприятий, например: Рос Тех, Рос Космос, Рос Атом. Для управления госсектором создана плановая группа и банк, не зависящий от ЦБ, финансирующий госсектор.

Наукоёмкие отрасли предъявляют высокие требования к рабочей силе. Школьное образование нужно улучшать, как минимум, до уровня школьного образования в СССР, которое было лучшее в мире. Восстановить профессионально-техническое образование, существовавшее в СССР. Демографическая проблема должна быть решена, иначе население государства будет уменьшаться вплоть до исчезновения государства. А это означает повышение доходов населения (чтобы хватало на детей), решение жилищной проблемы, детские ясли, детские сады, здравоохранение. Вышеперечисленные проблемы должны решаться правительством, иначе страна проиграет гибридную войну.

На что это похоже: увеличение госсектора в экономике страны, и меры по улучшению условий жизни населения? Пахнет социализмом. А почему не социализм, а только запах? Опыт социализма в России не имел частного сектора. А сейчас в России развитый частный сектор и нет мыслей по его уничтожению (национализации). О возможной национализации говорят только в оборонном секторе и добыче полезных ископаемых. Остальной частный сектор, наоборот, стараются поощрять. Мысля по инерции после СССР, никакого социализма нет, а возникает что-то новое, неизведанное. Идеологи задают вопрос: «Куда мы идём?», и усиленно ищут ответ на этот вопрос.

По Марксу после капитализма следует что-то, что Маркс назвал «социализм». Маркс никогда в своей жизни социализма не видел, но попытался вообразить и описать сам строй и метод его строительства. Архитектор тоже сначала создаёт дом в своём мозгу, фиксирует на бумаге и макете, а затем строит. И очень часто дом рассыпается по разным причинам (вспомните Пизанскую башню). Более того, на описание социализма Марксом можно смотреть как на гипотезу. А гипотезы нуждаются в проверке, и, если при проверке получен отрицательный результат, эта гипотеза корректируется, или разрабатывается другая гипотеза. Опыт строительства социализма показал несколько недостатков в гипотезе Маркса:

1. Социалистическая революция произошла в не индустриализированной стране России.

2. Мировая социалистическая революция не произошла в других странах, и Россия оказалась в одиночестве посреди капиталистического лагеря. На первый план вышла

задача выжить в таком враждебном окружении.

3. Россия выиграла войну и расширила сферу социализма. К 1980 году в России не было частной собственности. Из-за отсутствия частной собственности возник недостаток продовольствия и предметов народного потребления, возникла революционная ситуация, и произошла буржуазная контрреволюция. Таким образом доказывается, что социализм без частной собственности невозможен.

Гипотеза Маркса о форме социализма нуждается в коренной переработке. Два суперважных пункта корректировки:

1. В настоящих условиях диктатура пролетариата не нужна. Нужно правительство, думающее об интересах страны.
2. Социализм обязательно включает в себя госсектор и частный сектор.

Это новая мысль, и о об этом пока правительство России не знает. Поэтому правительство думает, что строит что-то отличное от социализма, пока существует сильный частный сектор. Вероятнее всего правительство ни о чем не думает, кроме выживания страны в гибридной войне с Западом. Когда победят в войне и восстановят экономику (особенно на завоёванных территориях), возникнет вопрос, что делать дальше? Аналогично было в СССР. Пока шли вынужденные ходы выживания во враждебной капиталистической среде, вопросов о разработке теории не возникало (НЭП, ускоренная индустриализация, война, восстановление народного хозяйства от военных разрушений). А после этого Сталин заявил: «Нам нужна теория. Без теории мы погибнем».

Глава 9. Современная Россия и социализм

Точного определения социализма нет. Термин введён Марксом для названия производственной и социальной структуры общества, которая возникнет в результате развития капитализма и заменит капитализм. То, что капитализм конечен, (не вечен) Марксу было очевидно благодаря двум открытым им законам:

1. Падение нормы прибыли.
2. Необходимость постоянного расширения рынков сбыта.

Каждый из этих законов в конце концов «убивает» капитализм.

Сейчас обнаружено ещё одно, «убивающее» капитализм, явление: **появление наукоёмких и некоторых других, «непосильных» для капитализма (например, низкорентабельных) производственных процессов, которые жизненно необходимы стране, и государство вынуждено брать организацию таких производств в свои руки**. Естественно, сфера госпредприятий сокращает сферу, оставшуюся для капитализма. При капитализме был один лозунг: **ПРИБЫЛЬ**. Государственные же предприятия функционируют для того, чтобы **ОБЕСПЕЧИТЬ СУЩЕСТВОВАНИЕ ГОСУДАРСТВА**. Этот лозунг и должен быть главным лозунгом, который определяет социализм. Капиталистический лозунг ПРИБЫЛЬ должен быть вспомогательным. Такой момент в истории страны, когда производственная система страны (госсектор и частный сектор) имеет господствующую цель **ОБЕСПЕЧИТЬ СУЩЕСТВОВАНИЕ ГОСУДАРСТВА**, и является моментом перехода от капитализма к социализму. Общественная надстройка, по Марксу, всегда подтягивается для соответствия господствующим производственным отношениям. К этим соображениям нужно добавить, что возникший госсектор нуждается в планировании и в банковском обеспечении госпредприятий. Государство должно обязательно взять ЦБ в свои руки для того, чтобы иметь возможность через банковскую политику согласовывать функционирование госсектора и частного сектора, и сориентировать частный сектор на решение проблем страны. ЦБ под управлением государства – необходимое условие социализма. Один из суровых уроков горького опыта СССР учит нас, что социализм с госпредприятиями без дополняющих частных предприятий не может кормить и одевать население страны. Только частный бизнес может оперативно реагировать на изменение вкусов людей: мода, пища, бытовые предметы, и т.п. Удовлетворение потребительских нужд населения необходимая, но не самая главная цель государства. Главная цель государства – выжить в сложной конкурентной международной обстановке. Иначе страну «скушают» хищные конкуренты, как «скушали», например, Югославию и Ливию. В настоящее время наличие ядерного оружия вынуждает обладающие ядерным оружием страны избегать горячей войны друг с другом, т.к. проигрывающая сторона обязательно применит ядерное оружие, что приведёт к взаимному уничтожению. Войны из горячих стали гибридными, ведутся экономическими, финансовыми, технологическими, и идеологическими средствами.

Страна должна защищать свой суверенитет. Социалистическое государство отличается от остальных типов государств тем, что существует достаточно большой государственный сектор, который функционирует не ради прибыли, а для укрепления государства, т.е. для поддержки государственного суверенитета. ЦБ находится под управлением государства и:

1. координирует сосуществование госсектора и частного сектора
2. создаёт условия частному сектору для функционирования на благо страны

Современная Россия с точки зрения социализма

В 1980 году АН СССР предупредила правительство, что из центра невозможно управлять производством, зависящим от вкусов людей (например, мода, пища, привычки, новые изобретения). По здравому смыслу нужно было разрешить частное производство, как минимум, в таких видах производства (Ленин, вводя НЭП, такой финт делал). КПСС к этому времени выродилась и не сообразила принять такое решение. В итоге к 1990 году в стране образовался дефицит товаров народного потребления и продовольствия. Огромные очереди в магазинах за «выброшенными» в продажу товарами и продовольствием «кричали» об этом. Неспособность правящей элиты исправить ситуацию была очевидна. Налицо была описанная Лениным революционная ситуация «низы не хотят жить по-старому, а верхи не могут управлять по-старому». С помощью Запада произошла буржуазная контрреволюция, и в России установился капитализм в самом худшем его варианте: олигархический капитализм. Как всегда, олигархи «развалились» на несколько групп. К счастью России, одна из групп (патриотическая) поняла, что они могут владеть своими богатствами только если Россия сохраняет свой суверенитет (в Украине патриотических олигархов не оказалось). Другая группа, компрадорская, хотела зарабатывать деньги в России, а жить на Западе. Патриотические олигархи стали бороться за суверенитет, и, в условиях гибридной войны с Западом, вынуждены решать внутренние проблемы, стоящие перед страной, без решения которых победа невозможна:

1. Укрепление военной мощи.
2. Улучшение образования (вернуться к системе образования СССР).
3. Решение демографической проблемы.

Укрепление военной мощи включает в себя:

1. Разработка новых видов оружия и улучшение существующих. В этом направлении Россия добилась серьёзных успехов. Впервые в истории человечества Россия на первом месте по вооружениям в мире.
2. Чётко функционирующий ВПК.
3. Решение логистических проблем, включающее развитие железнодорожной сети, Северный Морской Путь, торговый морской флот.

4. Не допускать отставание в космосе (например, замена GPS на ГЛОНАС)
5. Использование атомной энергии в военных разработках для опережения внешних противников в развитии. Имеются в виду ракеты и подводные беспилотники с атомными двигателями.

Госкорпорации Рос Тех, Роскосмос, Росатом решают львиную долю этих проблем. Государственный производственный сектор в России крепкий.

Улучшение образования необходимо для обеспечения государственных предприятий, заодно, и частных, высококвалифицированной рабочей силой. Для этого нужно улучшить систему школьного образования, по крайней мере, до уровня, существовавшего в СССР. В СССР была лучшая в мире система школьного образования. Также нужно восстановить существовавшую в СССР систему профессионально-технического образования.

Решение демографической проблемы в России стоит очень остро. Огромная территория страны нуждается в освоении для доступа к полезным ископаемым и повышения обороноспособности страны. Рождаемость значительно ниже необходимой для стабильной численности населения. Нужны рабочие руки для промышленности. Для решения демографической проблемы необходимо:

1. Жильё для каждой семьи.
2. Зарплата, достаточная для выращивания детей.
3. Детские сады.
4. Детские ясли.
5. Здравоохранение.

Россия имеет развитый производственный госсектор с хорошо организованным планированием и финансированием. Для победы в гибридной войне с Западом Россия должна улучшить систему образования и решить демографическую проблему. Вырисовывается очень «социалистическая» картина. Чего не хватает для термина СОЦИАЛИЗМ? Не хватает подчинения ЦБ правительству, что завершит создание производственной базы социализма. Останется социальной надстройке подтянуться до уровня производственного базиса. Сейчас Россия имеет капиталистический бюрократический государственный аппарат. Как его социализировать? Организовать народный контроль. КПРФ может оказаться очень полезной для этой цели. Сейчас у правительства нет обратной связи от народа. Обратную связь от народа нужно организовать.

Обратите внимание, капиталисты, работающие в интересах страны (патриотические), социализму не мешают. С помощью ЦБ можно регулировать сотрудничество госсектора и частного сектора на благо страны.

Глава 10. О путях построения социализма

Согласно Марксу, глубоко изучившему современный ему капитализм, капитализм конечен, и на смену капитализму придёт другая общественно экономическая формация (ОЭФ), которую Маркс назвал коммунизм. В его видении коммунизм состоял из двух ступеней. Первую ступень Маркс назвал СОЦИАЛИЗМ, а вторую ступень – КОММУНИЗМ. Маркс в глаза не видел СОЦИАЛИЗМ, но попытался в порядке научного предвидения предсказать некоторые свойства. Материальной основой ОЭФ является соответствующий производственный процесс материальных благ общества – производственный базис общества. Социальная надстройка подстраивается для обеспечения функционирования производственных процессов общества. При капитализме в производственных отношениях господствует частная собственность на средства производства. По Марксу при социализме должна господствовать общественная собственность на средства производства. Общественную собственность он разделял на государственную и коллективную собственность. Переход от капитализма к социализму, в его понимании, обозначает превращение частных предприятий в общественные, т.е. в государственные или коллективные. В теории Маркса об ОЭФ утверждается, что производственный базис новой ОЭФ вырастает внутри предшествующей ОЭФ. Во времена Маркса капитализм ещё не был достаточно зрелым для возникновения общественной собственности в рамках капитализма. Сейчас мы знаем об израильских кибуцах и о наукоёмких производственных процессах, непосильных частному капиталу (например, строительство атомных ледоколов в современной России). **Первый путь, естественный путь, опереться на естественное возникновение госпредприятий, т.е. на естественное возникновение и развитие государственного сектора экономики.** Этот путь Маркс не видел. **Второй путь, насильственный путь, захват власти пролетариатом и насильственная национализация частных предприятий**. Маркс разрабатывал теорию (гипотезу) этого пути.

Первый путь построения социализма - естественное возникновение и развитие государственного сектора экономики.

Бурное развитие науки в двадцатом веке привело к укрощению атомной энергии и появлению космонавтики. Человечество вошло в атомно-космическую эру. Атомная энергия и ракетостроение возникли из соображений обороноспособности. Возникли чрезвычайно наукоёмкие производства, непосильные частному капиталу. Путин определил этот момент своим высказыванием: «Капитализм может организовать производство телевизоров и холодильников, но не может организовать строительство атомных ледоколов.» России нужны были пять атомных ледоколов для Северного Морского Пути. Капиталисты не взялись за этот очень выгодный проект из-за наукоёмкости (более ста НИИ и проектно-конструкторских институтов участвуют в процессе строительства атомных ледоколов). Путин вынужден был поручить строительство атомных ледоколов госкомпании Рос Атом. В России доля госсектора в экономике превышает 50% и растёт. **Государственный сектор функционирует не ради прибыли, а для укрепления государства, т.е. для поддержки государственного суверенитета.**

Из опыта СССР, социализм с госпредприятиями без дополняющих частных предприятий не может кормить и одевать население страны. Только частный бизнес может оперативно реагировать на изменение вкусов людей: мода, пища, бытовые предметы, и т.п. Удовлетворение потребительских нужд населения необходимая, но не самая главная цель государства. Главная цель государства – выжить в сложной конкурентной международной обстановке. Иначе страну «скушают» хищные конкуренты. В настоящее время наличие ядерного оружия вынуждает обладающие ядерным оружием страны избегать горячей войны друг с другом, т.к. проигрывающая сторона обязательно применит ядерное оружие, что приведёт к взаимному уничтожению. Войны из горячих стали гибридными, ведутся экономическими, финансовыми, технологическими, и идеологическими средствами.

Госсектор нуждается в планировании и в банковском обеспечении госпредприятий. Государство должно обязательно взять ЦБ в свои руки для того, чтобы иметь возможность через банковскую политику согласовывать функционирование госсектора и частного сектора, и сориентировать частный сектор на решение проблем страны. ЦБ под управлением государства – необходимое условие социализма.

Госсектор в России охватывает больше половины экономики страны. Для управления госсектором в стране выращиваются специалисты-управленцы, работающие не ради прибыли, а ради обеспечения существования государства (интересы государства превыше всего). Эти люди могут использоваться и для политической управляющей системы страны (например, как депутаты Государственной Думы, кандидаты в президенты, и т.п.). Постепенно в процессе борьбы с коррупцией современная политическая и административная системы будут переориентированы с «капиталистического поиска личной выгоды» на «служение на благо страны».

Функционирование госаппарата (включая ЦБ) в направлении обеспечения суверенитета страны автоматически приведёт к возникновению социалистической надстройки. Почему?

Борьба за суверенитет в условиях гибридной войны с Западом, вынуждает решать внутренние проблемы, стоящие перед страной, без решения которых победа невозможна:

1. Развитие фундаментальных наук.
2. Укрепление военной мощи.
3. Улучшение образования (вернуться к системе образования СССР).
4. Решение демографической проблемы.

Фундаментальные науки определяют технологический прогресс страны и являются важным фактором в конкуренции государств.

Укрепление военной мощи обеспечивают госкорпорации Рос Тех, Роскосмос, Росатом.

Улучшение образования необходимо для обеспечения государственных предприятий, заодно, и частных, высококвалифицированной рабочей силой. Для этого нужно улучшить систему школьного образования, по крайней мере, до уровня, существовавшего в СССР. В СССР была лучшая в мире система школьного образования. Также нужно восстановить существовавшую в СССР систему профессионально-технического образования. Восстановить систему приёма в ВУЗы, существовавшую в СССР.

 Решение демографической проблемы в России стоит очень остро. Огромная территория страны нуждается в освоении для доступа к полезным ископаемым и повышения обороноспособности страны. Рождаемость значительно ниже необходимой для стабильной численности населения. Нужны рабочие руки для промышленности. Для решения демографической проблемы необходимо:

1. Жильё для каждой семьи.
2. Зарплата, достаточная для выращивания детей.
3. Детские сады.
4. Детские ясли.
5. Здравоохранение.

Очевидно, что таким образом постепенно будет возникать социалистическая надстройка в России.

Второй путь построения социализма - захват власти пролетариатом и насильственная национализация частных предприятий.

Во времена Маркса капитализм ещё не был достаточно зрелым для возникновения производственного базиса социализма в рамках капитализма. Переход от капитализма к социализму требовал насильственную национализацию частных предприятий.

При первом пути построения социализма (естественное возникновение и развитие государственного сектора экономики) внутри государственного сектора экономики заняты большие массы людей, которые привыкают жить не по капиталистическому принципу (ради прибыли, т.е. денег), а по социалистическому принципу (на благо своего предприятия, т.е. страны). Управляющая элита внутри госсектора возникает преимущественно по принципу меритократии. При втором пути построения социализма (захват власти пролетариатом и насильственная национализация частных предприятий) нет процесса постепенного приучения масс к социалистическим отношениям и нет выращенной социалистической управляющей элиты. Что такое социализм, никто не знает, только предполагают. Полнокровного развитого социализма до сих пор на Земле не существовало. Были только попытки его строительства. Известно только, что социализм вырастет внутри капитализма, и будет иметь преимущественно государственную собственность на средства производства. Очевидные проблемы второго пути построения социализма:

1. **Взятие и удержание власти**. Парижская Коммуна в 1870 году, революция в Венгрии в 1918 году, и революция в Германии в 1918 году эту проблему решить не смогли. Октябрьская Революция 1917 года в России сумела решить эту проблему благодаря союзу большевиков с патриотическими царскими офицерами (генеральный штаб - 60%, офицеры – 70% поддержали большевиков в революции и гражданской войне). Последующие социалистические революции в других странах решали эту проблему с помощью СССР (например, Вьетнам), и то это не всегда получалось (например, Испания 1936 год).

2. **Реальное строительство производственного базиса социализма и соответствующей ему социалистической надстройки**. Проверенной теории строительства социализма нет. СССР не сумел регенерировать правящую элиту (КПСС сгнила), ликвидировал частный сектор экономики, получил дефицит продовольствия, одежды, и других предметов народного потребления. В результате произошла буржуазная контрреволюция и распад СССР.

Общественно экономическая формация страны является саморазвивающейся системой. Появление социализма из капитализма аналогично рождению ребёнка. Природа требует девять месяцев для полного созревания ребёнка. Если ребёнок появляется на свет раньше, он умирает. Но в наше время медицина спасает недоношенных семимесячных детей. Аналогично, социализм должен созреть внутри капитализма, прежде чем «официально» появиться. Современная Россия находится в ситуации, близкой к «зрелости» социализма (производственный базис социализма практически готов, осталось подчинить ЦБ правительству), социальная надстройка подтянется для соответствия уровню развития производительных сил. А вот Китай далёк от «социалистической зрелости». Для начала Китаю нужно решить проблему индустриализации страны (слишком много сельского населения). На это понадобится много времени, и всё это время Китаю нужно регенерировать социалистически мыслящую элиту (ориентированную на интересы страны). Пока Китаю удаётся регенерация социалистически мыслящих лидеров, но очевидно, что это даётся нелегко.

Эпилог. О марксизме без политики

Маркс – выдающийся философ, которого сейчас шельмуют за ошибки в его политических идеях. Гегель – философ, который утверждал, что лучше прусской монархии не может быть ничего. Так что Маркс не первый выдающийся философ с ошибочными политическими идеями в деталях.

Философия Маркса, марксизм, наследует Дарвина и Гегеля в своей диалектической части (движение и развитие в окружающем мире). Материализм позаимствован у Фейербаха (материя первична, идеи вторичны).

В марксизме существуют три различных научных направления:

Диалектическая логика – учение о мышлении человека (истина и её обоснование)

Диалектический материализм – учение о строении и развитии материи

Теория познания – наука о познавательной деятельности человека

Как и при восхождении на гору с разных направлений, все три сходятся в одной точке: **практика – критерий истины.**

Учение о строении материи в диалектическом материализме

Окружающий нас материальный мир организован уровнями. Не претендуя на полноту, вот некоторые из них:

1. Элементарные частицы (протон, нейтрон, электрон)
2. Атомы (периодическая таблица элементов Менделеева)
3. Молекулы (сюда входит и ДНК)
4. Большие группы молекул (твердые тела, жидкости, газы, объекты живой природы)

Классификация объектов живой природы по Дарвину ветвится и завершается человеком.

Изучение развития человека и человечества – главная заслуга Маркса. Человечество тоже организовано уровнями:

1. Человек (личность)
2. Семья
3. Государство
4. Человечество

На каждом уровне действуют свои закономерности. Невозможно судить о свойствах более высокого уровня исходя из информации только низшего уровня. Свойства каждого уровня должны изучаться специфическими для него методами. Это очевидно на низших уровнях: Физика для элементарных частиц, химия для изучения атомов и молекул, теоретическая механика для твёрдых тел и т.д. На человеческих уровнях та же ситуация: на уровне личности существует теория личности, на уровне семьи свои подходы (религия о семье, законы государства о семье и т.п.).

Уровень государства изучается, в частности, науками о внутренней и внешней политике, политэкономией и т.д.

В политике часто любят рассуждать о государстве как о личности. У поведения государства свои особенности, отличные от личности. Человек не должен брать чужое. Мораль и законы страны проживания запрещают это. А вот государства всю историю человечества думали о захвате нужных территорий, если они могли это сделать, и об обеспечении защиты своих территорий. Они исходили из геополитических соображений. Если государство захватывает территорию, то бессмысленно говорить ему, что это аморально, это незаконно. Попробуйте забрать обратно. Сумеете – ваше счастье, не сумеете – смиритесь. Бисмарк говорил: «Вы захватите территорию, и найдутся сотни философов, которые придумают обоснование её захвата.» Человечество пытается решить как-то эту проблему через ООН. Но пока механизм ООН не работает.

Виды мышления в теории познания

Существуют три научных вида мышления:

1. Рациональное. Используется в математике, физике, технике. Благодаря рациональному мышлению летают спутники, работают атомные электростанции, функционирует интернет и т.д.
2. Системное. Используется, в частности, в медицине. Проиллюстрировать можно на примере попытки использовать рациональное мышление в ситуации, где нужно системное мышление. Воробьиная война в Китае. Уничтожим воробьёв – сохраним 10% урожая зерна. Уничтожили воробьёв – пришла саранча и съела всё зерно на корню.
3. Диалектическое. Логика саморазвивающихся систем. Главное применение при изучении природы (дарвинизм), человека (теория личности), государства, человечества.

Как изучается саморазвивающаяся система

Саморазвивающаяся система имеет:

1. консервативные силы, сохраняющие её существование в настоящее время.
2. изменяющие силы, вносящие изменения в систему

Развитие системы изучается методами диалектической логики.

Консервативные и изменяющие силы находятся в единстве и «борются» друг с другом. Первый закон диалектики: **закон единства и борьбы противоположностей**.

Состояние системы в определённые моменты времени изучается методами системного анализа. Отдельные части системы изучаются методами рационального мышления.

Изменяющие силы постепенно вносят изменения в систему, изменения накапливаются, и в какой-то момент система скачком переходит в другое состояние. Это второй закон диалектики: **переход количественных изменений в качественные, происходящий скачком**. Этот закон хорошо иллюстрируется процессом рождения ребёнка. Внутри матери ребёнок рос, получая всё необходимое для роста из крови матери. Когда он «созрел», он появляется на свет и переходит на материнское молоко и дыхание.

Изучение человека

Человек имеет три характеристики:

1. Вершина биологического развития природы по Дарвину. Медицина занимается проблемами человека как биологического существа.
2. Продукт общества (личность). Это рассмотрим ниже.
3. Существо целеполагающее. Фейербах первый подметил это. Целеполагание - вопрос политики. Политика здесь не обсуждается.

Человек должен уметь ходить и говорить. Если ребёнка до 5 лет не научили ходить, то позже его обучить ходить невозможно (Маугли невозможен). Если ребёнок до 10 лет не изучил язык с глаголами будущего и прошедшего времени, понятие времени у него отсутствует (племя с таким неразвитым языком было обнаружено учёными, и были попытки обучать их другим языкам). В разговоре такой ребёнок использует глаголы только в настоящем времени. Существо без прямохождения и речи назвать человеком сложно, а эти навыки человек получает только в социуме.

Человек как продукт общества – это личность. Личность с острова, населённого людоедами, (такие острова существуют) не может существовать в цивилизованном обществе. Но маленький ребёнок с этого острова, выращенный в цивилизованной семье, является полноценным членом цивилизованного общества. В разных странах – разные социальные условия (религия, мораль, производственные отношения и т.д.). Взрослая личность не всегда может переехать в другую страну из-за несовместимости с социальной средой принимающей страны. Легкий пример, переезжающие в Израиль из СССР мужчины вынуждены делать обрезание (иначе будешь изгоем общества). Тяжёлый пример, мусульмане во Франции. Франции грозит исламизация. Факт, что человек – существо социальное, государства должны учитывать в иммиграционной политике. Все люди как социальные существа не равны. Они ни хуже, ни лучше. Они приспособлены к той социальной среде, где они выросли.

Изучение государства

Движущей силой развития человека и человеческого общества является труд. Труд развивал человека в процессе эволюции. В процессе трудовой деятельности изобретались и улучшались орудия труда, развивалось разделение труда. Повышалась производительность труда и росло население. От первобытного стада человекообразных обезьян организация населения эволюционировала: род -> племя -> группа племён -> государство. Этот процесс описан в работе Энгельса «Происхождение семьи, частной собственности, и государства». В государстве существует достаточно развитое разделение труда, развитый язык общения, и нечто нематериальное (общественное сознание), обеспечивающее людям совместное существование (проживание) в государстве. Общественное сознание включает в себя, например:

1. Формы собственности на средства производства и формы присвоения продуктов труда.
2. Государственные законы
3. Мораль
4. Религию

В зависимости от господствующей формы собственности на средства производства Маркс выделил четыре типа государств:

1. Рабовладельческие
2. Феодальные
3. Капиталистические
4. Социалистические

Господствующая форма собственности обозначает, что правительство страны в первую очередь обслуживает интересы людей, которые обладают такой собственностью. О социалистической собственности идёт много споров. Земля, госпредприятия, недра, кооперативы, акционерные общества, государственный капитализм и прочая мура. Марксизм – это материализм, диалектический. Собственность - термин из идеального мира. Мир идей – это отражение материального мира в сознании людей. Вы сделайте производственную базу социализма, господствующее положение госпредприятий. Не забывайте, частная собственность тоже будет присутствовать, но в подчинённом положении. Появится прибыль с госпредприятий в распоряжении государства в придачу к другим доходам государства (пошлины, налоги и т.п.) Социалистическое правительство будет думать, как эти средства использовать. Главное требование к социалистическому правительству – интересы государства (народа) превыше всего. В первую очередь такое правительство должно обеспечить содержание госаппарата и безопасность страны. Оставшиеся ресурсы будут выделены на науку, воспроизводство рабочей силы (образование, медицина, культура), социальное обеспечение, инфраструктура. Социалистическое правительство не может быть коррумпированным (коррупция противоречит принципу «интересы государства превыше всего»). Пока вы не сформируете такое правительство, вы не можете назвать страну социалистической. Т.е. для расходов на нужды народа будут деньги. Лучше или хуже, они будут расходованы на пользу народа. Больше заработает страна – больше коврижек достанется народу. Не всё ли вам равно, как будут конкретно называться формы собственности! Лишь бы производственная база государства имела госпредприятий больше, чем частных. В правительстве обязательно должны быть умные люди. Опыт СССР показывает, что приход к власти людей, недостаточно умных для управления страной, приводит к гибели страны. Умные люди в конкретной ситуации сообразят, какие формы собственности какими терминами обозвать. Кстати, Хазин вообще не использует в своих политэкомических исследованиях термин «собственность». Его интересует разделение труда, рынки сбыта, и денежное обращение. Материализм крайней степени. Он продумывает материальный скелет (кости) производственной системы общества, а социальную надстройку (мясо) умные люди нарастят. И ему всё равно, что это будет: капитализм или социализм. И он прав. Вспомните Кювье, который по ископаемой косточке из коленного сустава нарисовал животное, которому эта косточка принадлежала. Последующие археологические находки подтвердили его рисунок.

России нужно создать систему производства, включающую государственный сектор, коллективный сектор, и частный сектор. Теоретические попытки разработать такую систему есть, например, в книге Скобликова Е. А. «Революция отменяется. Третий путь развития.» — СПб.: ИГ «Весь», 2016. Создайте господствующее положение госсектора в экономике, а социальная надстройка «приложится». Российскому обществу хватит на это ума. И вы получите социализм.

Политическая теория Маркса как религия построения социализма

Маркс, изучая капитализм, обнаружил, что капитализму нужно постоянное расширение рынков сбыта. Рано или поздно расширение рынков сбыта упрётся в ограниченность земного шара. Капитализм должен будет во что-то перейти. Этот новый экономический строй Маркс назвал социализм. Маркс попытался описать методы перехода от капитализма к социализму.

Переход от капитализма к социализму обозначает превращение частной собственности в общественную. Сейчас мы знаем, что в современных производственных процессах используется очень много науки (например, космос, строительство атомных ледоколов). Такие производственные процессы не под силу частному капиталу, и государство вынуждено организовывать такие производства. Государственные предприятия возникают естественно в результате мощного развития науки и появления наукоёмких производств. Социализм возникает по мере увеличения государственного сектора экономики. Опыт СССР показал нам, что госсектор экономики обязательно должен дополняться частным сектором экономики. Социализм вырастает внутри капитализма без всяких революций. Маркс этого не знал и нафантазировал появление социализма в результате насильственной национализации частных предприятий как результат революционной борьбы пролетариата за «светлое будущее человечества - социализм». Эта идея овладела пролетарскими массами и функционирует как «религиозное течение». Возникает вопрос: «Развитие науки достигло такого уровня (космос, атомная энергетика и т.п.) только к концу двадцатого столетия. Почему социалистическая революция в России в начале двадцатого века увенчалась успехом, СССР вышел на второе место в мире, и СССР только в конце двадцатого века распался? Ведь религия социалистической революции была ошибочна с научной точки зрения.»

В октябре 1917 года большевики получили власть из рук патриотических царских офицеров, совершивших военный переворот. Потом до 1920 года была политика военного коммунизма, обусловленная гражданской войной. После этого Ленин увидел, что всё идёт не по Марксу и стал исходить в своих решениях не из марксистских догм, а из реальной действительности. Ленин был гений, и он сообразил ввести НЭП в 1922 году. История подтвердила, что это было правильное решение. Дальше реальная действительность в виде угрозы «войны моторов» (танки, самолёты) вынудила правительство начать ускоренную индустриализацию, перейти на «мобилизационную экономику», и организовать насильственную коллективизацию сельского хозяйства. Великая Отечественная Война 1941 года подтвердила историческую правильность этих действий. После окончания послевоенного восстановительного периода Сталин понял, что управление экономикой нужно менять. Сталин не успел придумать что-нибудь и был отравлен. После него в СССР не было мыслителей, способных понять реальную действительность и предложить адекватные методы управления производственной системой страны. В 1980 году учёные подсказали правящей элите, что нельзя управлять из центра отраслями, требующими свободу от планирования по пятилеткам. Правящая элита интеллектуально выродилась и не сумела принять решение о разрешении частной собственности в этих отраслях. В итоге распад СССР. Резюмируя, **религия социалистической революции сформировала партию большевиков, которые видели смысл** своей жизни в служении делу борьбы за социализм. Они были хорошо образованные и убеждённые люди, что импонировало царским офицерам, которые были людьми чести. Получив власть от царских офицеров, совершивших госпереворот, большевики в экономике действовали не по марксистским политическим догмам, а исходя из сложившихся обстоятельств. До смерти Сталина правящая элита страны справлялась с проблемами управления страной. Но после сказались процессы вырождения элиты, завершившиеся распадом страны. **Для страны главное иметь умную элиту, для которой интересы страны (народа) важнее всего.**

www.ingramcontent.com/pod-product-compliance
Lightning Source LLC
Chambersburg PA
CBHW081652270326
41933CB00018B/3447